The Sixth Stellation

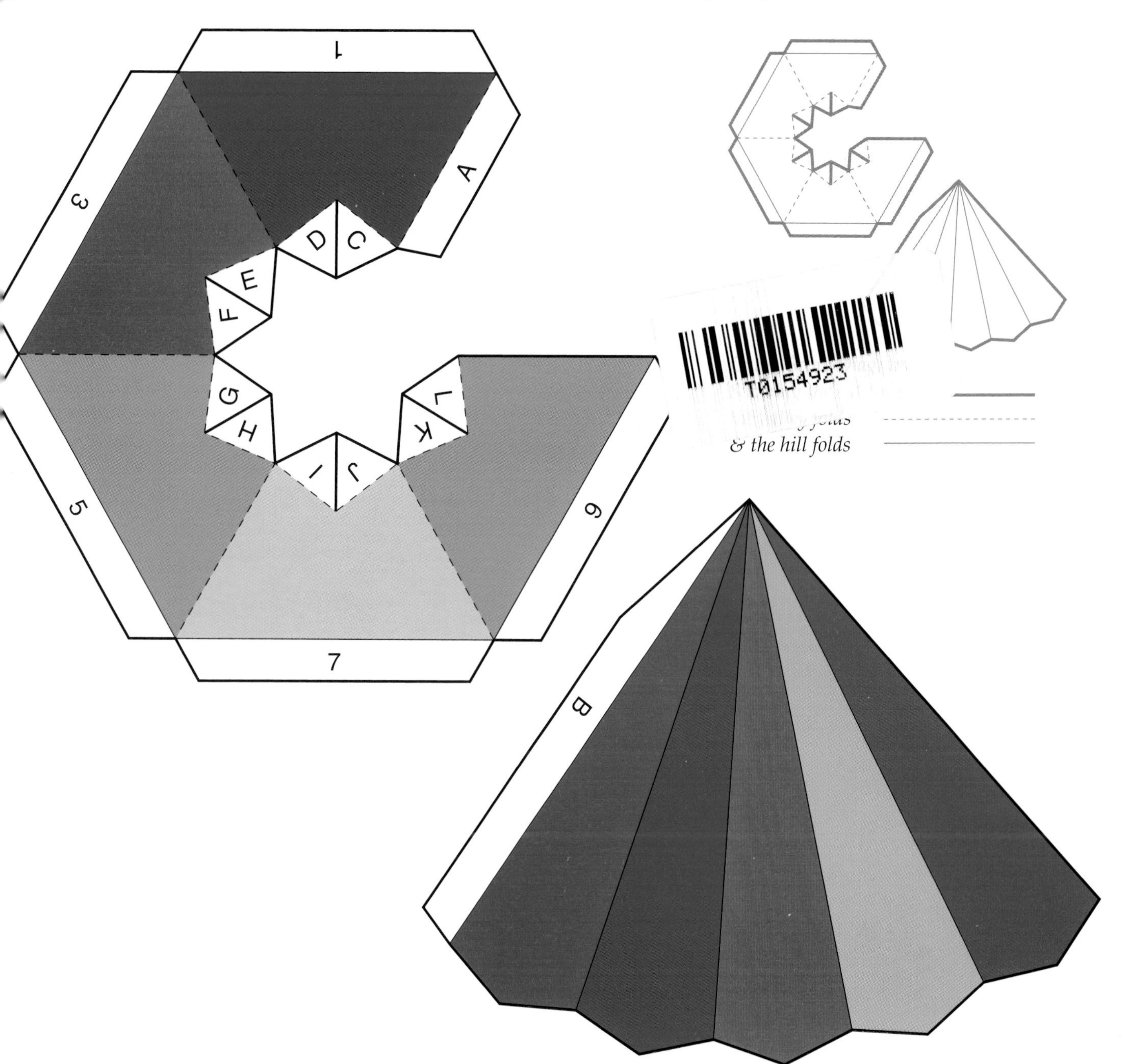
1
3
5
7
9
A
B
C
D
E
F
G
H
I
J
K
L
& the hill folds

1

A

B

1

K J I H G F E D C L

The Sixth Stellation

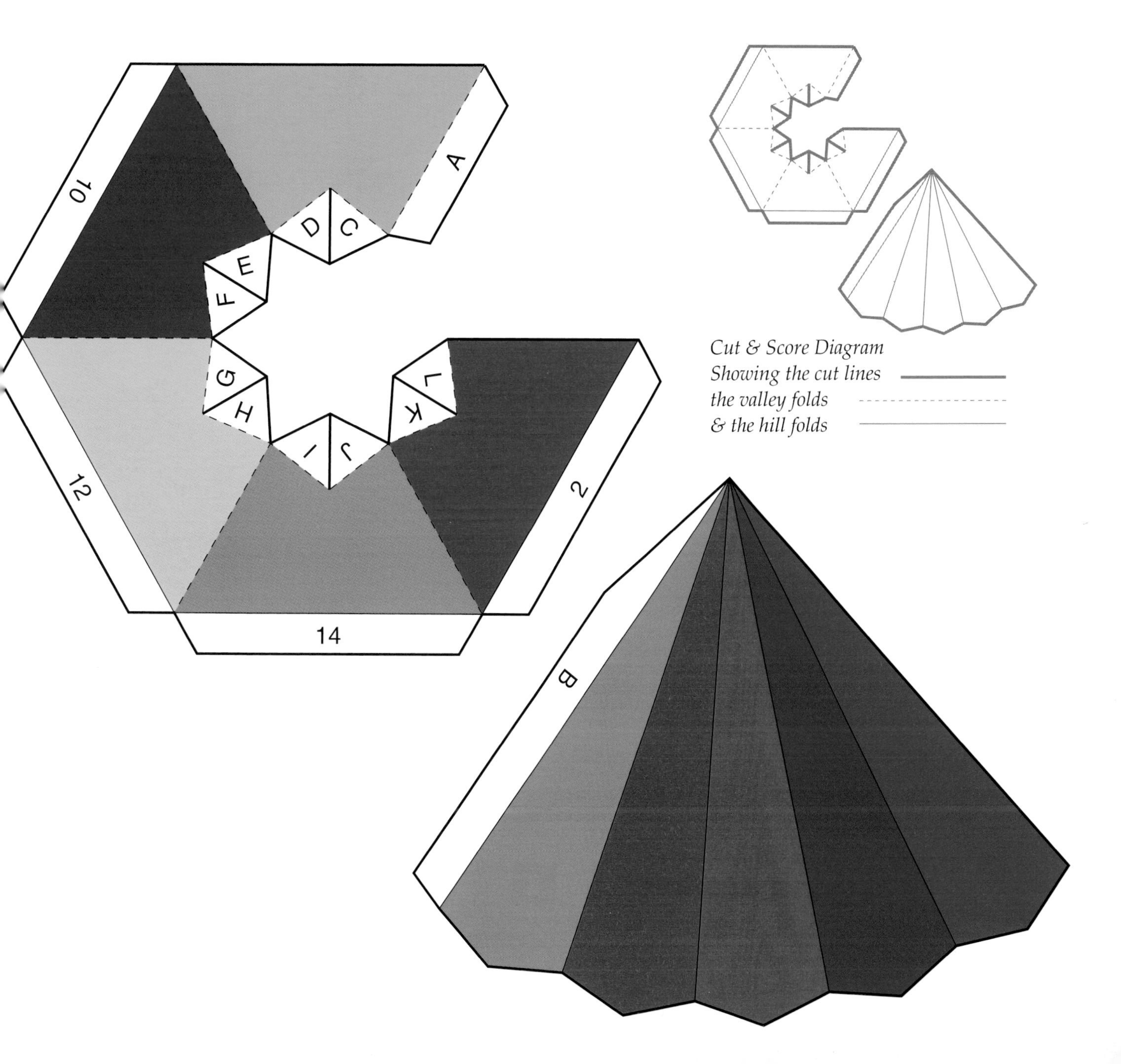

10
A
D
C
E
F
G
H
I
J
K
L
2
12
14
B
Cut & Score Diagram
Showing the cut lines
the valley folds
& the hill folds

1

2

A

B

2

K J I H G F E D C L

The Sixth Stellation

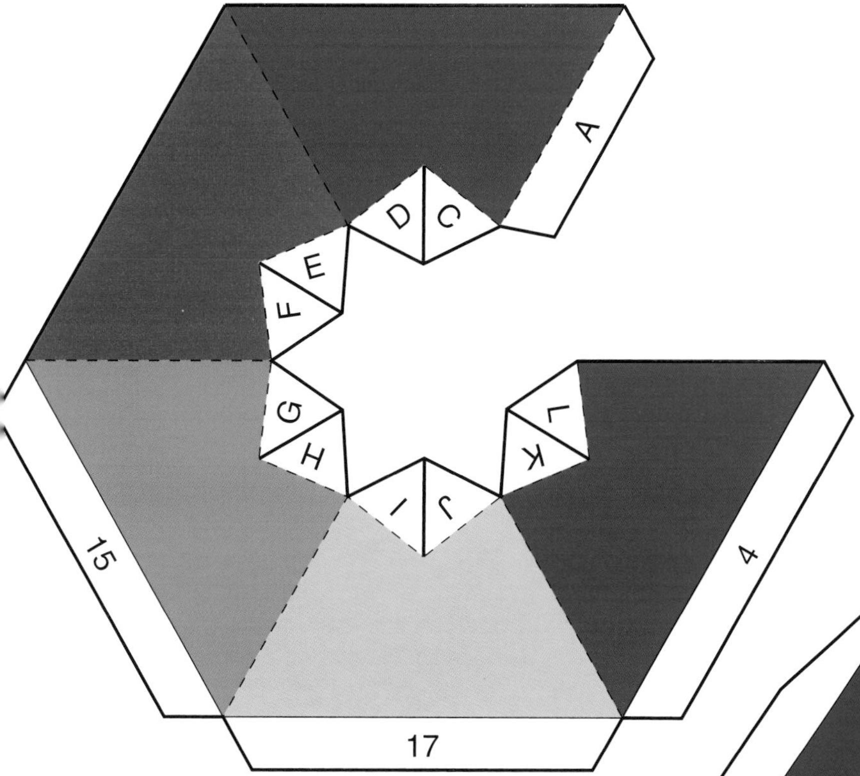

A
D
C
E
F
G
H
I
J
L
K
15
4
17

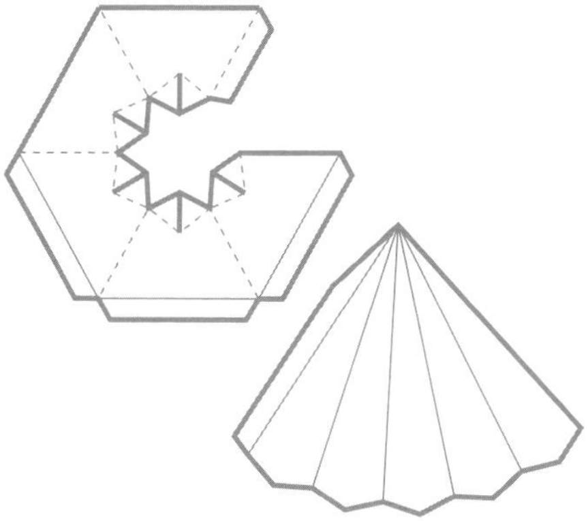

Cut & Score Diagram
Showing the cut lines
the valley folds
& the hill folds

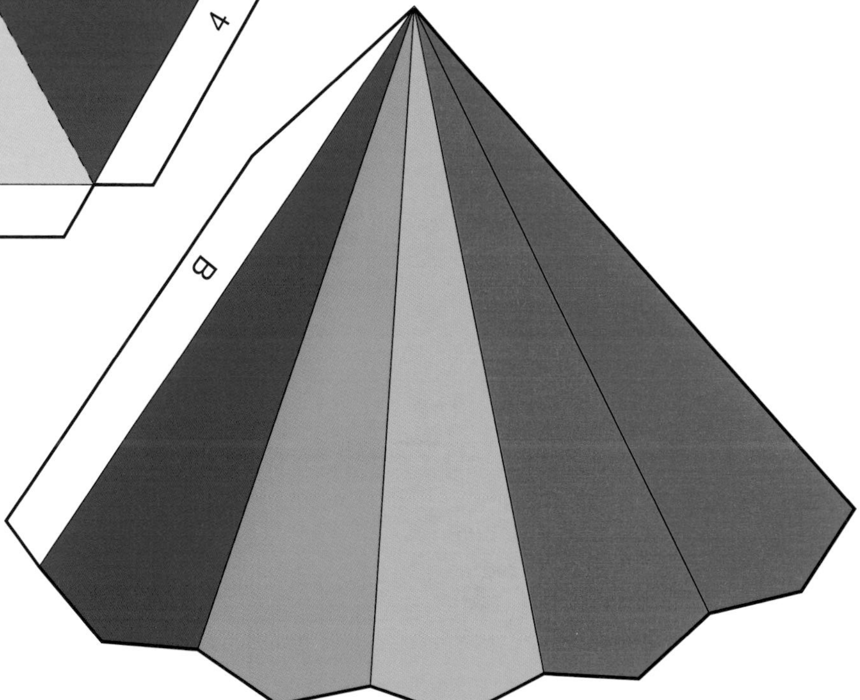

B

3

3

2

A

B

3

K J I H G F E D C L

The Sixth Stellation

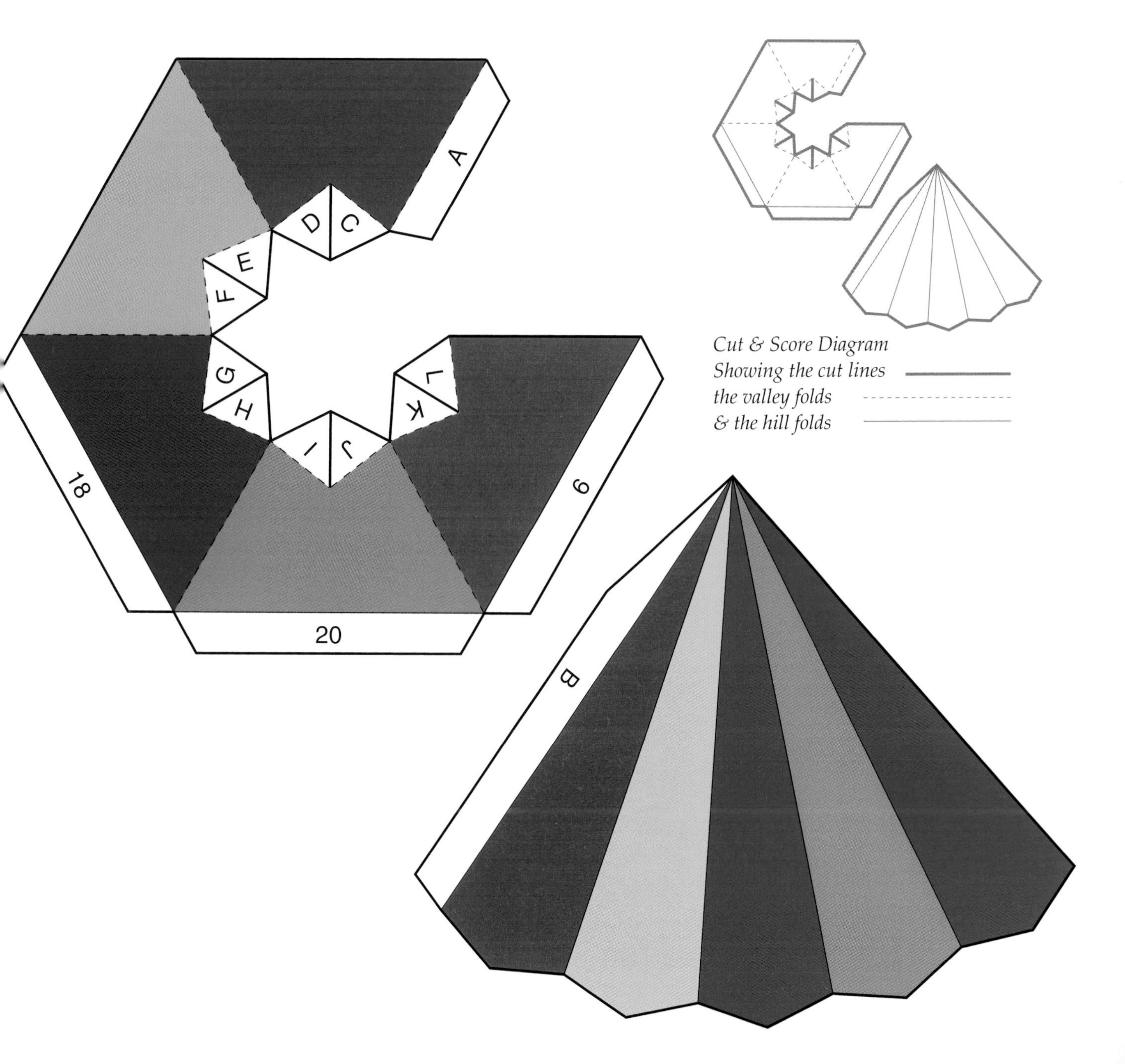
A
B
C
D
E
F
G
H
I
J
K
L
18
20
9
Cut & Score Diagram
Showing the cut lines
the valley folds
& the hill folds

5

4

4

A

B

4

K J I H G F E D C L

The Sixth Stellation

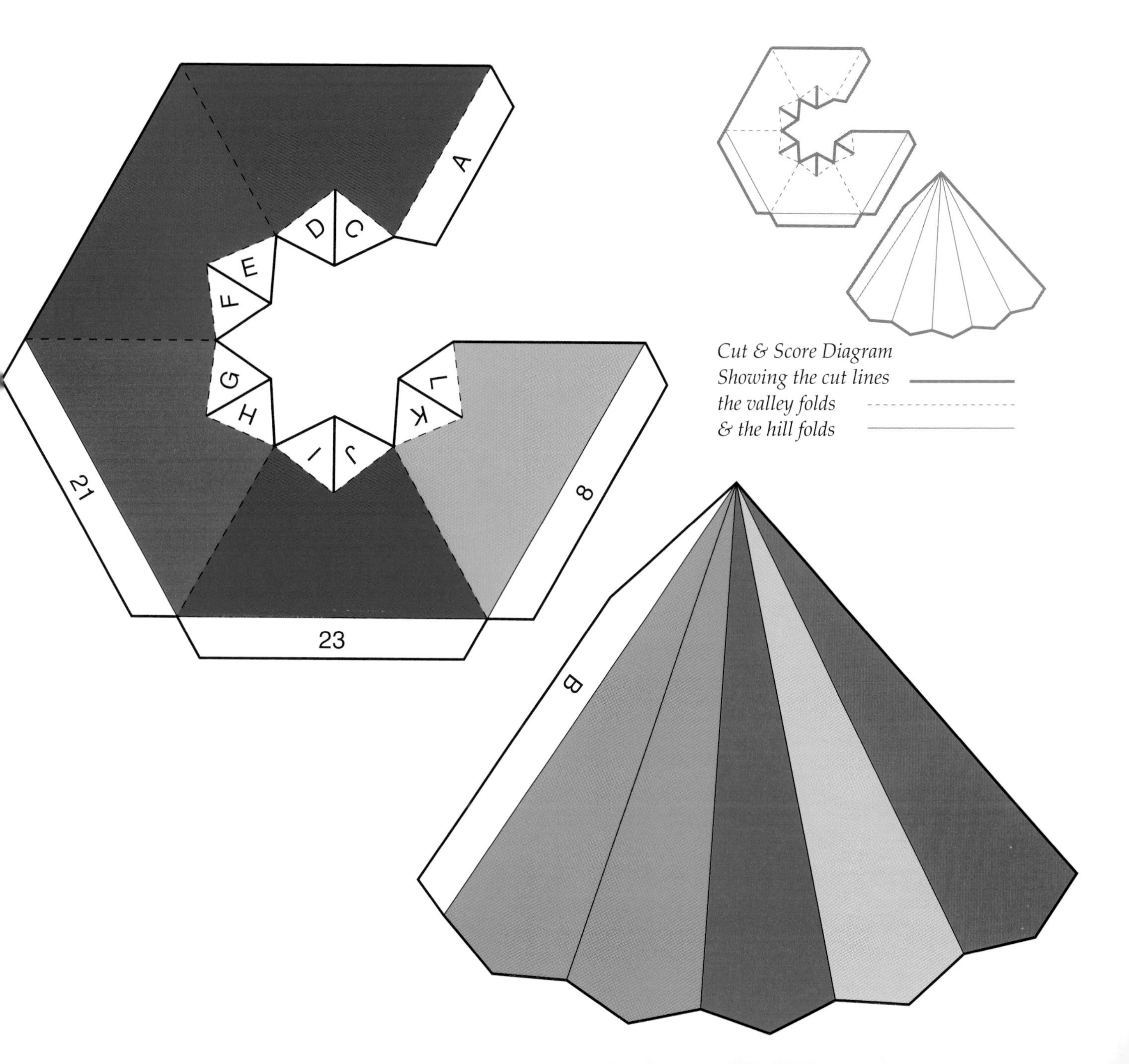
A
D
C
E
F
G
H
I
J
K
L
21
23
8
B
Cut & Score Diagram
Showing the cut lines
the valley folds
& the hill folds

7

5

6

A

B

5

K J I H G F E D C L

The Sixth Stellation

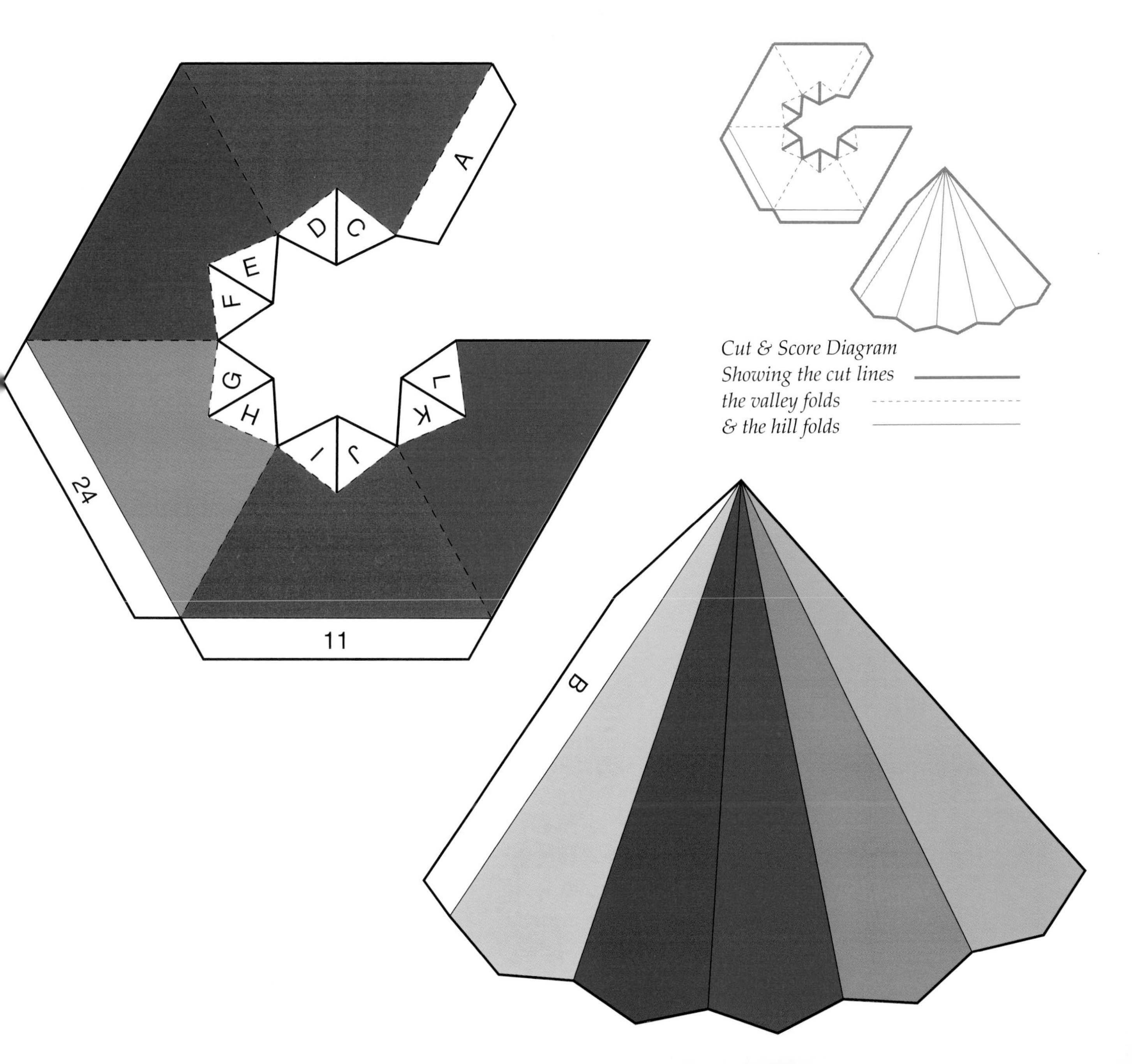
A
D
C
E
F
G
H
I
J
K
L
24
11
B
Cut & Score Diagram
Showing the cut lines
the valley folds
& the hill folds

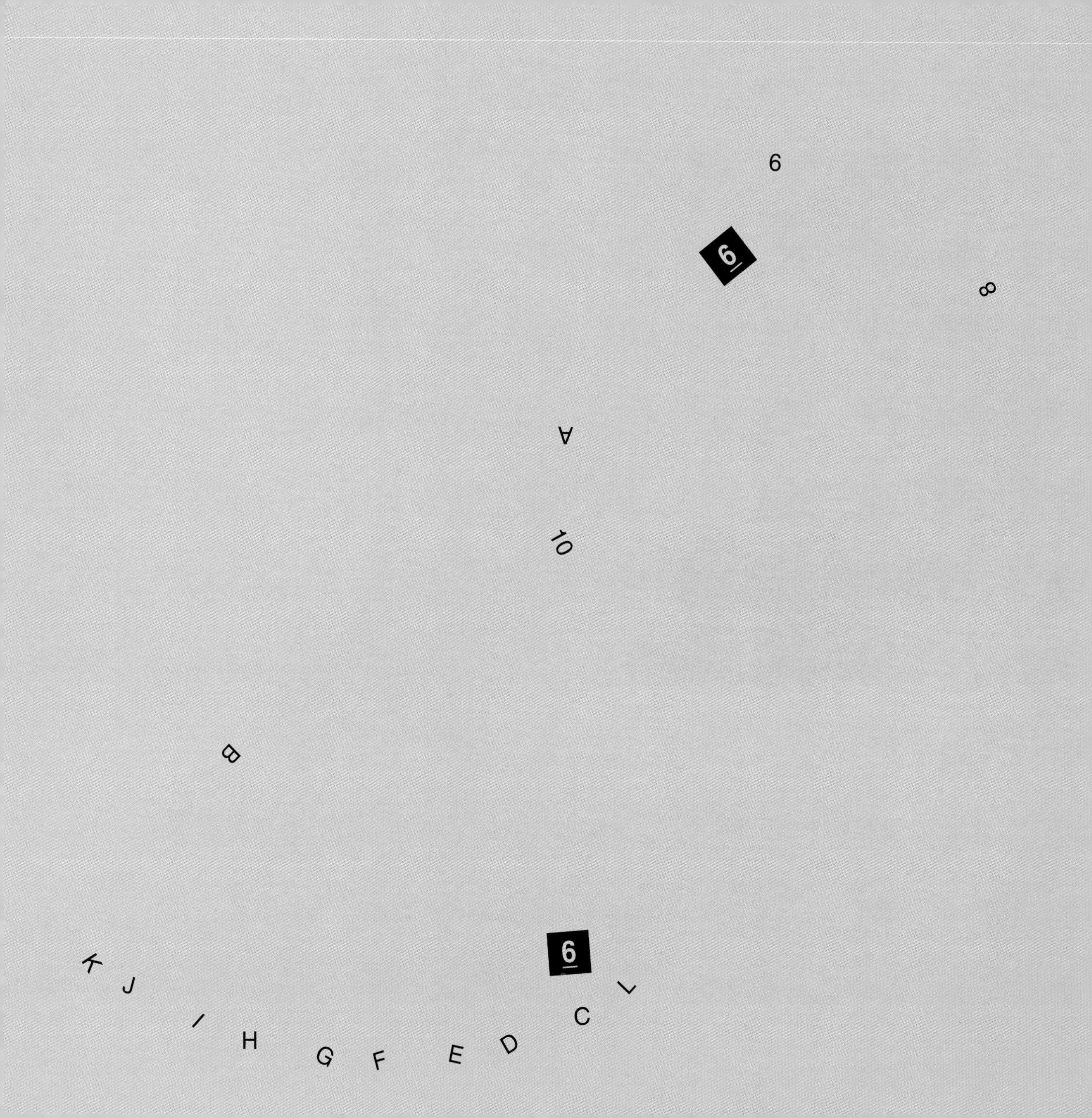

The Sixth Stellation

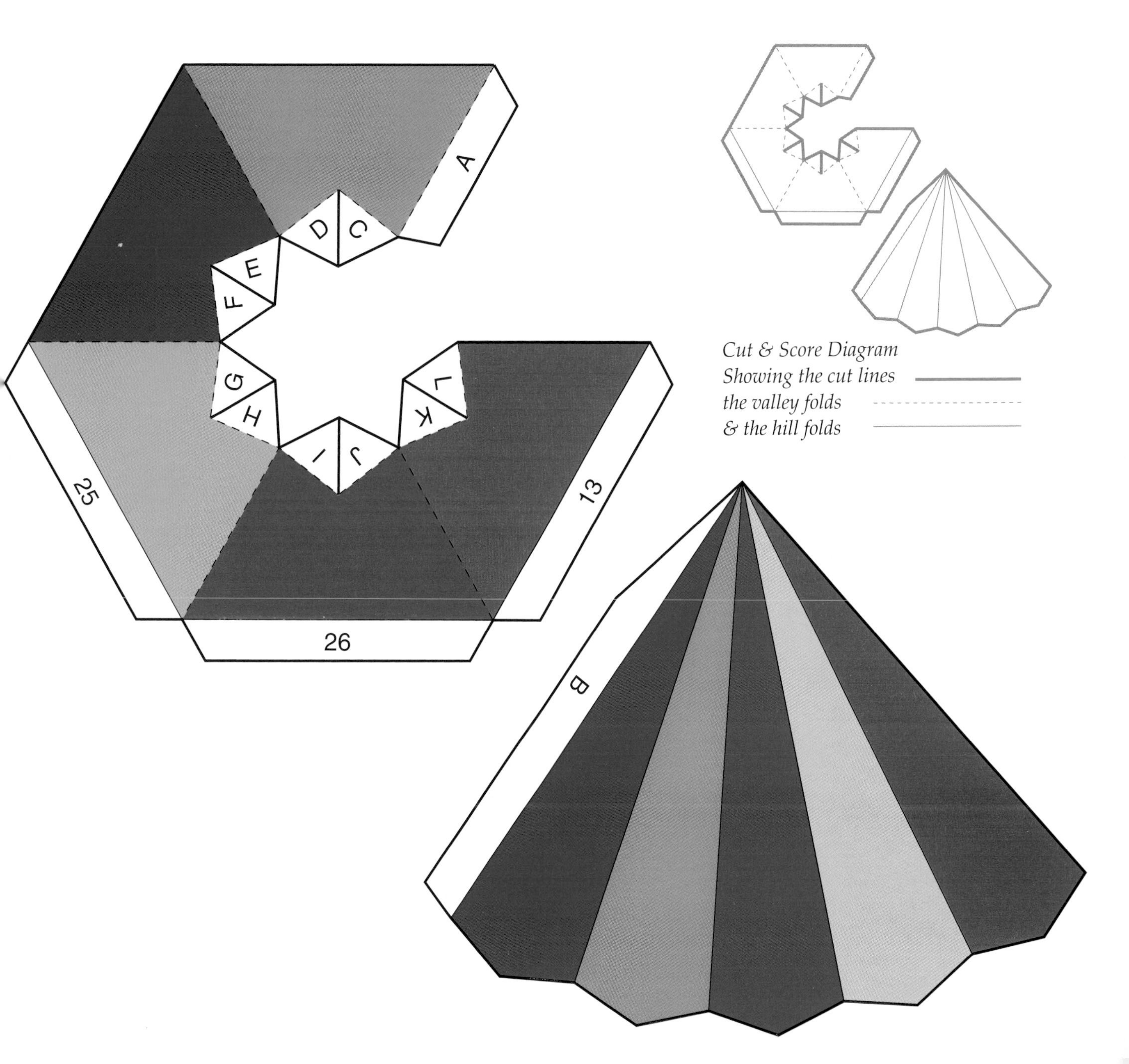
A
D
C
E
F
G
H
L
K
I
J
25
13
26
B
Cut & Score Diagram
Showing the cut lines
the valley folds
& the hill folds

12

7

11

A

B

7

K J I H G F E D C L

The Sixth Stellation

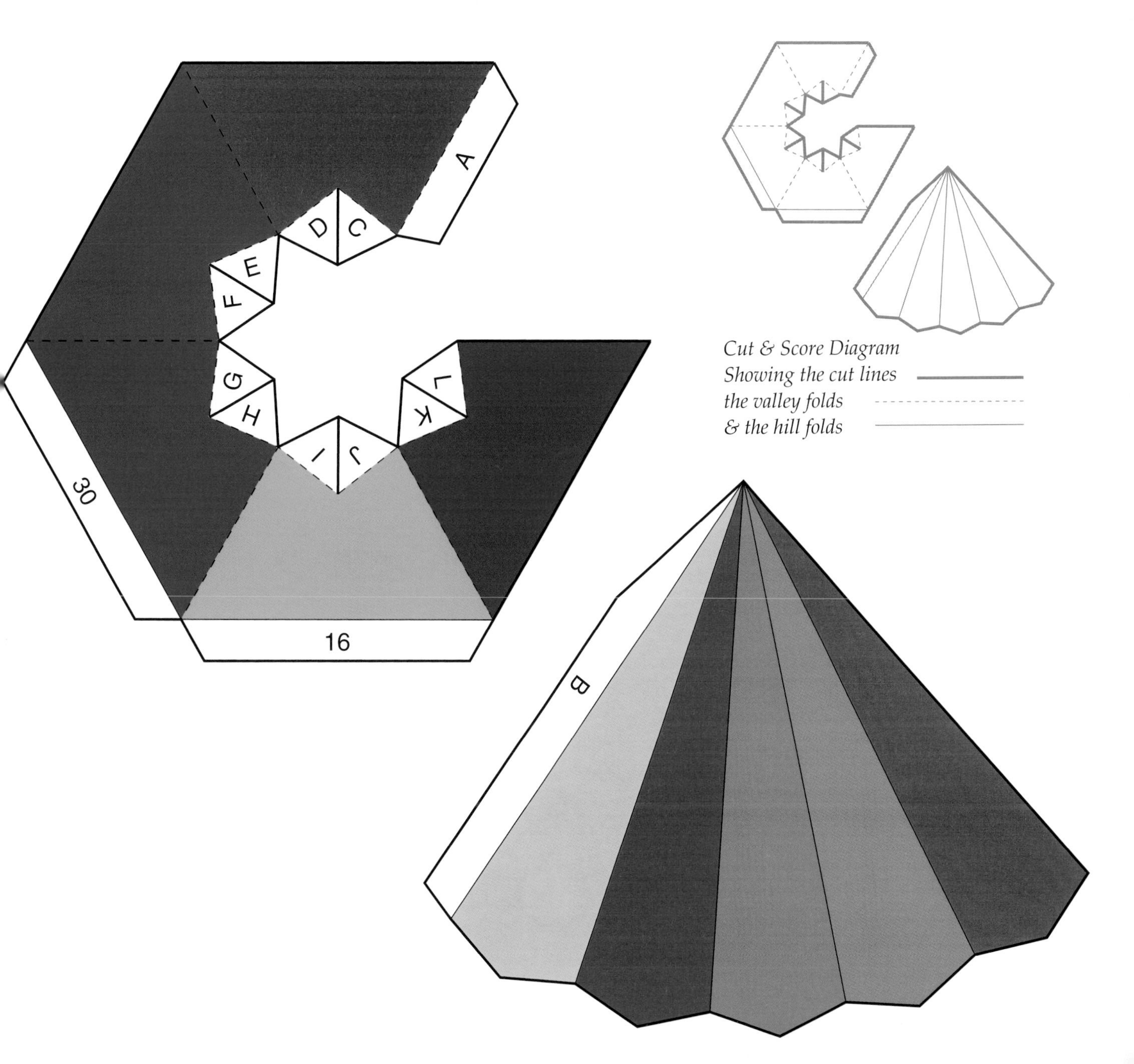
A
D
C
E
F
G
H
L
K
I
J
30
16
B
Cut & Score Diagram
Showing the cut lines
the valley folds
& the hill folds

14

13

A

15

B

8

K J I H G F E D C L

The Sixth Stellation

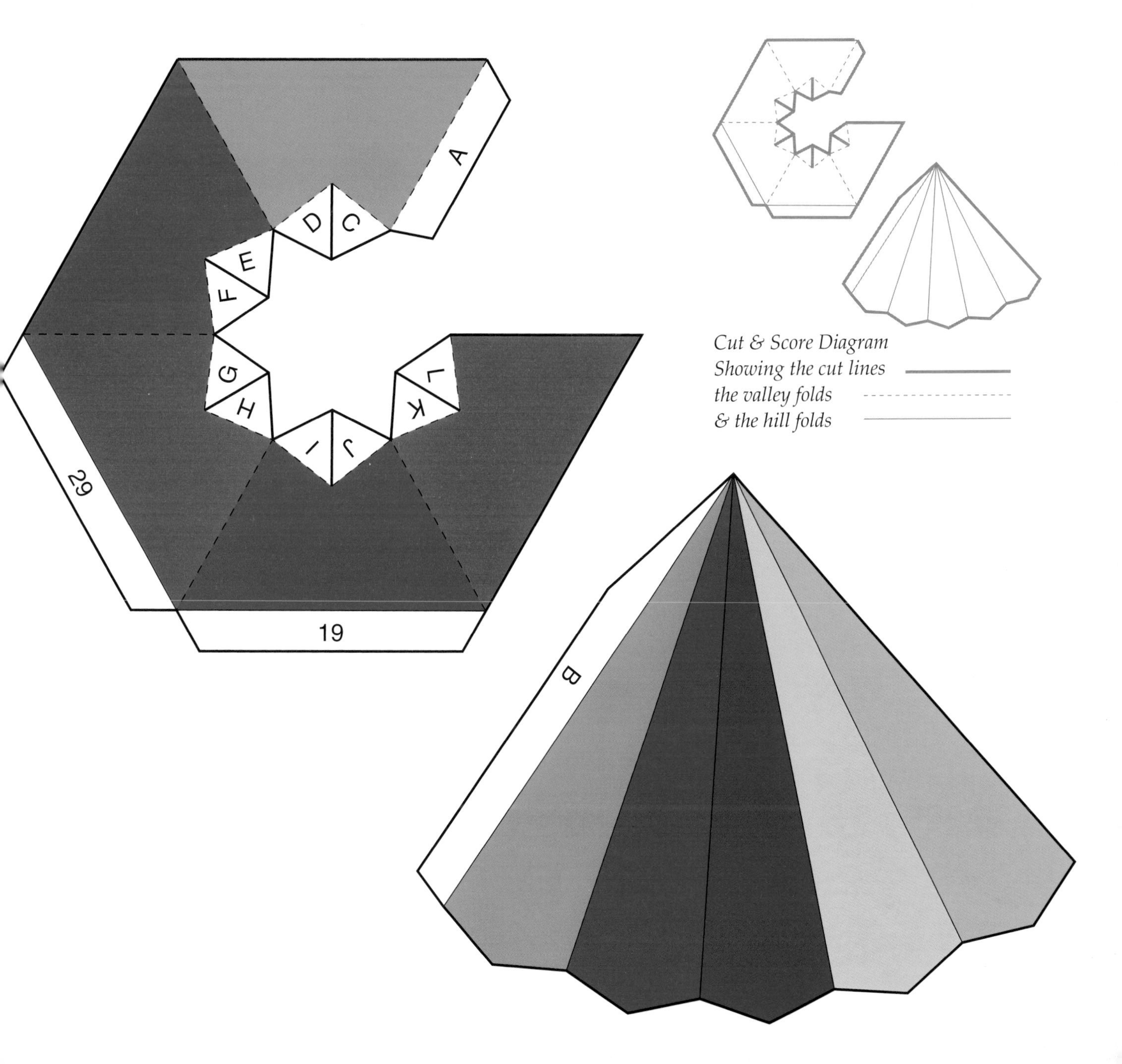
A
D
C
E
F
G
H
I
J
K
L
29
19
B
Cut & Score Diagram
Showing the cut lines
the valley folds
& the hill folds

17

16

A

18

B

9

K J I H G F E D C L

The Sixth Stellation

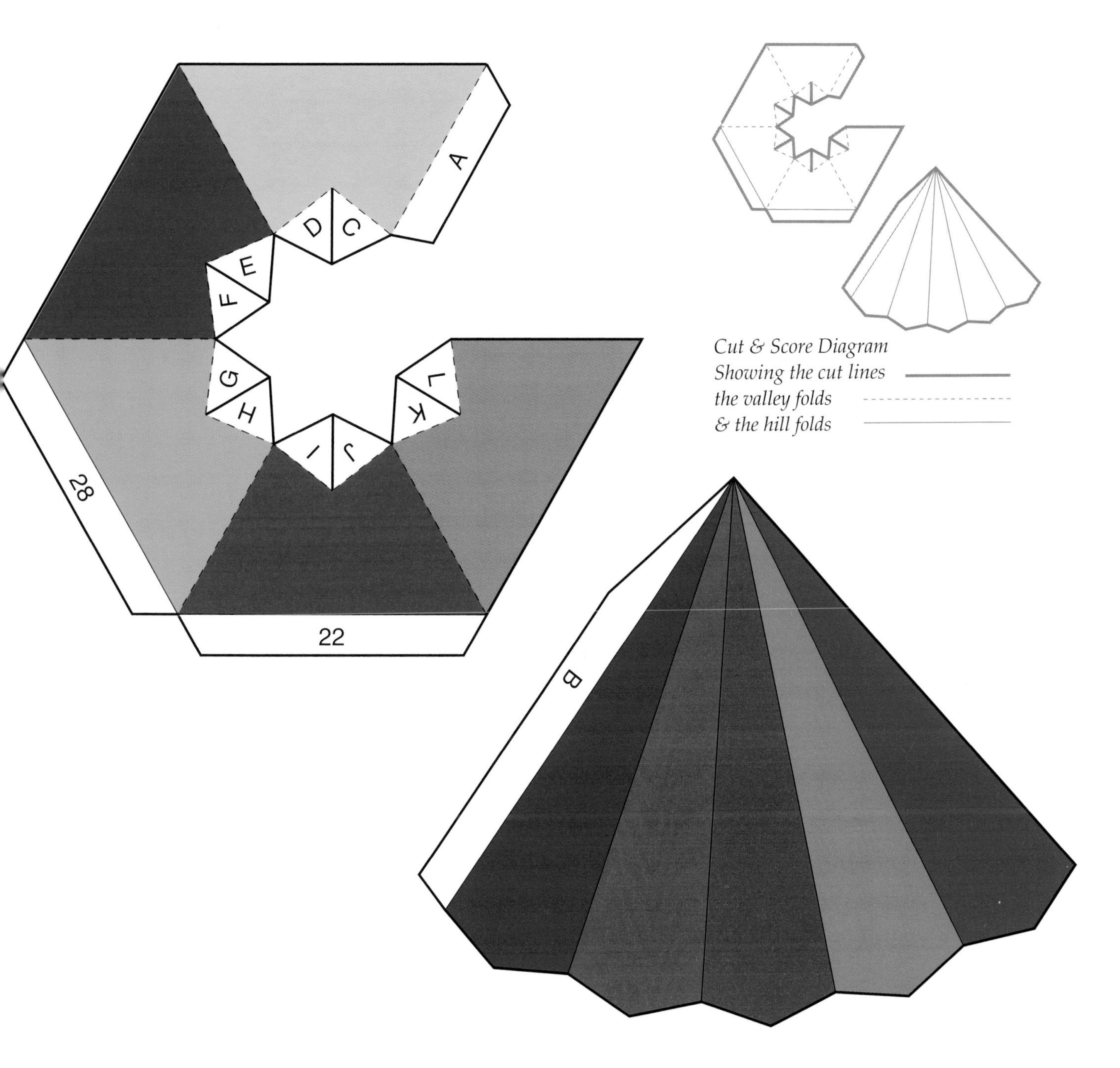
A
D
C
E
F
G
H
L
K
I
J
28
22
B
Cut & Score Diagram
Showing the cut lines
the valley folds
& the hill folds

20

10

19

A

21

B

10

K J I H G F E D C L

The Sixth Stellation

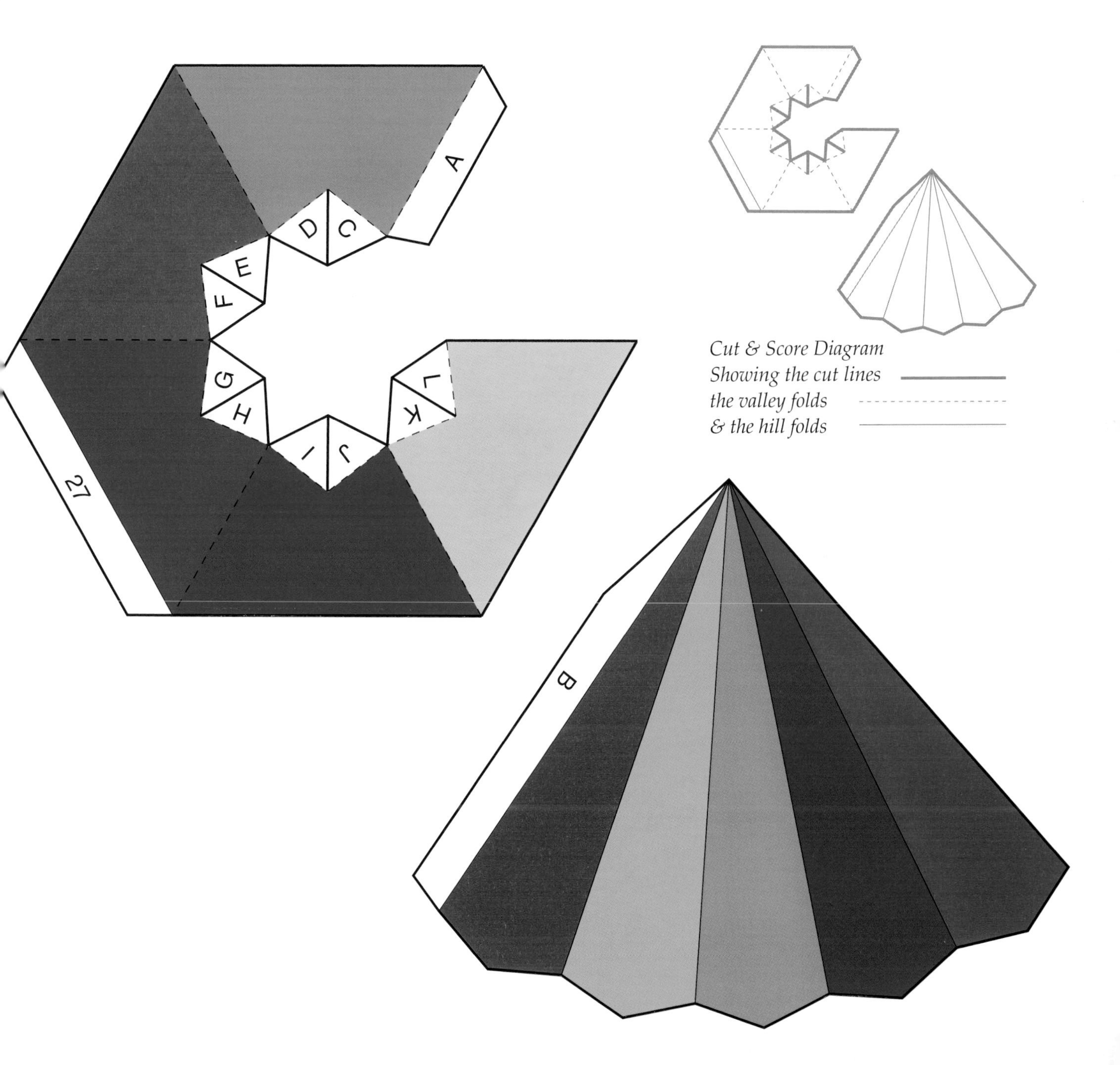
A
D
C
E
F
G
H
I
J
K
L
27
B
Cut & Score Diagram
Showing the cut lines
the valley folds
& the hill folds

23

11

22

A

24

25

B

11

K J I H G F E D C L

The Sixth Stellation

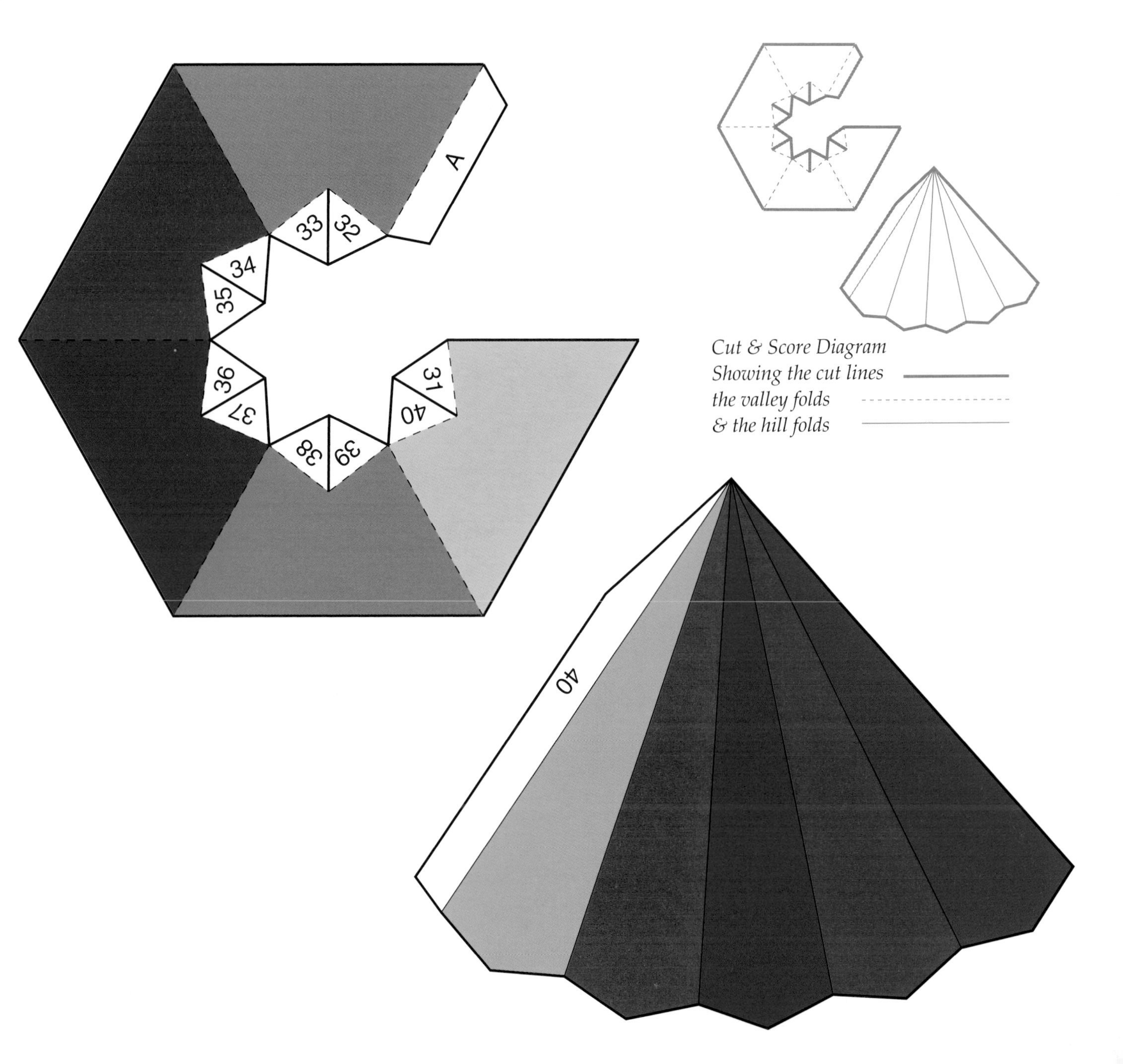
A
33
32
34
35
36
37
38
39
40
31
40
Cut & Score Diagram
Showing the cut lines
the valley folds
& the hill folds

26

27

A

30

28

29

40

12

40 39 38 37 36 35 34 33 32 31